陕西省建设工程费用规则

（2025）

批准部门：陕 西 省 住 房 和 城 乡 建 设 厅
主编单位：陕 西 省 建 设 工 程 造 价 服 务 中 心
参编单位：亿 诚 建 设 项 目 管 理 有 限 公 司
华春建设工程项目管理有限责任公司
正 衡 工 程 项 目 管 理 有 限 公 司
实施日期：2 0 2 5 年 7 月 1 日

中国计划出版社

北 京

图书在版编目（CIP）数据
陕西省建设工程费用规则. 2025 / 陕西省建设工程造价服务中心主编. -- 北京 ：中国计划出版社, 2025. 6（2025. 8重印）. -- ISBN 978-7-5182-1854-7
Ⅰ. TU723.3
中国国家版本馆 CIP 数据核字第 2025B6M687 号

陕西省建设工程费用规则（2025）
SHAANXI SHENG JIANSHE GONGCHENG FEIYONG GUIZE（2025）
陕西省建设工程造价服务中心　主编

责任编辑：秦　洁　　封面设计：韩可斌

中国计划出版社出版发行
网址：www.jhpress.com
地址：北京市西城区木樨地北里甲 11 号国宏大厦 C 座 4 层
邮政编码：100038　电话：（010）63906433（发行部）
北京厚诚则铭印刷科技有限公司印刷

880mm × 1230mm　1/16　2 印张　64 千字
2025 年 6 月第 1 版　2025 年 8 月第 3 次印刷

定价：12.00 元

本书编委会

总　　编： 李卫军

副 总 编： 张　丹　陈永兵　崔建明　杜产阳

本书编写人员名单

主　　编： 史媛媛　张大道　王　萍　柴　琪

编写人员： 赵醒文　郑亚云　王江锋　许泽梅　商　艳

战忠林　杨　晗　魏　芳　王　波　郭继庆

陕西省住房和城乡建设厅关于印发2025陕西省建设工程费用规则等计价依据的通知

陕建管发〔2025〕10号

各设区市住房和城乡建设局，杨凌示范区住房和城乡建设局，各相关企业：

为贯彻落实《住房和城乡建设部办公厅关于印发工程造价改革工作方案的通知》（建办标〔2020〕38号）及《陕西省住房和城乡建设厅关于印发〈陕西省建设工程造价改革工作实施方案〉的通知》（陕建发〔2020〕1109号）精神，依据《陕西省建设工程造价管理办法》，我厅组织修编了《陕西省建设工程费用规则》及6个专业配套基价表、《陕西省房屋建筑与装饰工程消耗量定额》等6个专业消耗量定额、施工机械台班费用定额、仪器仪表台班费用定额（详见附件），现予以印发，自2025年7月1日起实施，并提出以下意见，请一并贯彻执行：

一、2025年7月1日起新开工的建设工程执行新的计价依据；2025年7月1日前的在建工程（包括已招投标或已签订合同的工程）仍按原约定的计价依据执行。

二、原2004《陕西省建筑装饰工程消耗量定额》《陕西省安装工程消耗量定额》《陕西省市政工程消耗量定额》《陕西省园林绿化工程消耗量定额》、2009《陕西省建设工程工程量清单计价规则》、2009《陕西省建设工程工程量清单计价费率》、《陕西省建设工程消耗量定额（2004）补充定额》、2009《陕西省建筑装饰市政园林绿化工程价目表》《陕西省安装工程价目表》于2025年7月1日起停止使用。

三、上述计价依据的日常管理及技术内容解释由陕西省建设工程造价服务中心具体负责。

附件：2025陕西省建设工程计价依据汇总表

陕西省住房和城乡建设厅

2025年3月17日

附　件

2025 陕西省建设工程计价依据汇总表

序　号	名　称
1	陕西省建设工程费用规则（2025）
2	陕西省房屋建筑与装饰工程基价表（2025）
3	陕西省通用安装工程基价表（2025）
4	陕西省市政工程基价表（2025）
5	陕西省园林绿化工程基价表（2025）
6	陕西省城市地下综合管廊工程基价表（2025）
7	陕西省绿色建筑工程基价表（2025）
8	陕西省房屋建筑与装饰工程消耗量定额（2025）
9	陕西省通用安装工程消耗量定额（2025）
10	陕西省市政工程消耗量定额（2025）
11	陕西省园林绿化工程消耗量定额（2025）
12	陕西省城市地下综合管廊工程消耗量定额（2025）
13	陕西省绿色建筑工程消耗量定额（2025）
14	陕西省建设工程施工机械台班费用定额（2025）
15	陕西省建设工程施工仪器仪表台班费用定额（2025）

目　录

1 总　　则

根据《陕西省建设工程造价管理办法》（陕西省人民政府令第133号）、《建筑安装工程费用项目组成》（建标〔2013〕44号）、《关于做好建筑业营改增建设工程计价依据调整准备工作的通知》（建办标〔2016〕4号）、《关于重新调整建设工程计价依据增值税税率的通知》（建办标函〔2019〕193号）、《关于印发〈陕西省建设工程造价改革工作实施方案〉的通知》（陕建发〔2022〕1109号）、陕西省工程建设标准《建设工程工程量清单计价标准》DB 61/T 5126—2025、陕西省建设工程各专业工程量计算标准及国家现行有关法律法规、规范和标准的相关规定，结合陕西省实际，编制了《陕西省建设工程费用规则（2025）》（以下简称“本规则”）。

本规则是全部使用国有资金或国有资金占控股（主导）地位的建设项目，编制施工图预算、最高投标限价、工程计量、施工过程结算与支付、竣工结算与支付等计价活动的依据，是编制投标报价和处理建设工程造价纠纷的参考。非国有资金的建设项目宜采用本规则计价。

本规则是陕西省建设工程计价依据的组成部分，应与陕西省各专业工程消耗量定额（2025）及各专业工程基价表（2025）配套使用。

本规则适用于陕西省行政区域内新建、扩建和改建工程施工发承包及实施阶段的计价活动。

本规则适用于一般计税法计价和简易计税法计价。

2 建筑安装工程费用项目组成

建筑安装工程费用项目组成依据相关规定，按费用构成要素和工程造价形成两种方式划分。

2.1 按费用构成要素划分

建筑安装工程费由人工费、材料费（含工程设备费，下同）、施工机具使用费、企业管理费、利润和增值税组成。

人工费、材料费、施工机具使用费、企业管理费和利润形成了分部分项工程项目费、措施项目费和其他项目费。

2.2 按工程造价形成划分

建筑安装工程费由分部分项工程项目费、措施项目费、其他项目费和增值税组成。

分部分项工程项目费、措施项目费、其他项目费均包含人工费、材料费、施工机具使用费、企业管理费和利润。

陕西省建筑安装工程费用项目组成见图 2-1。

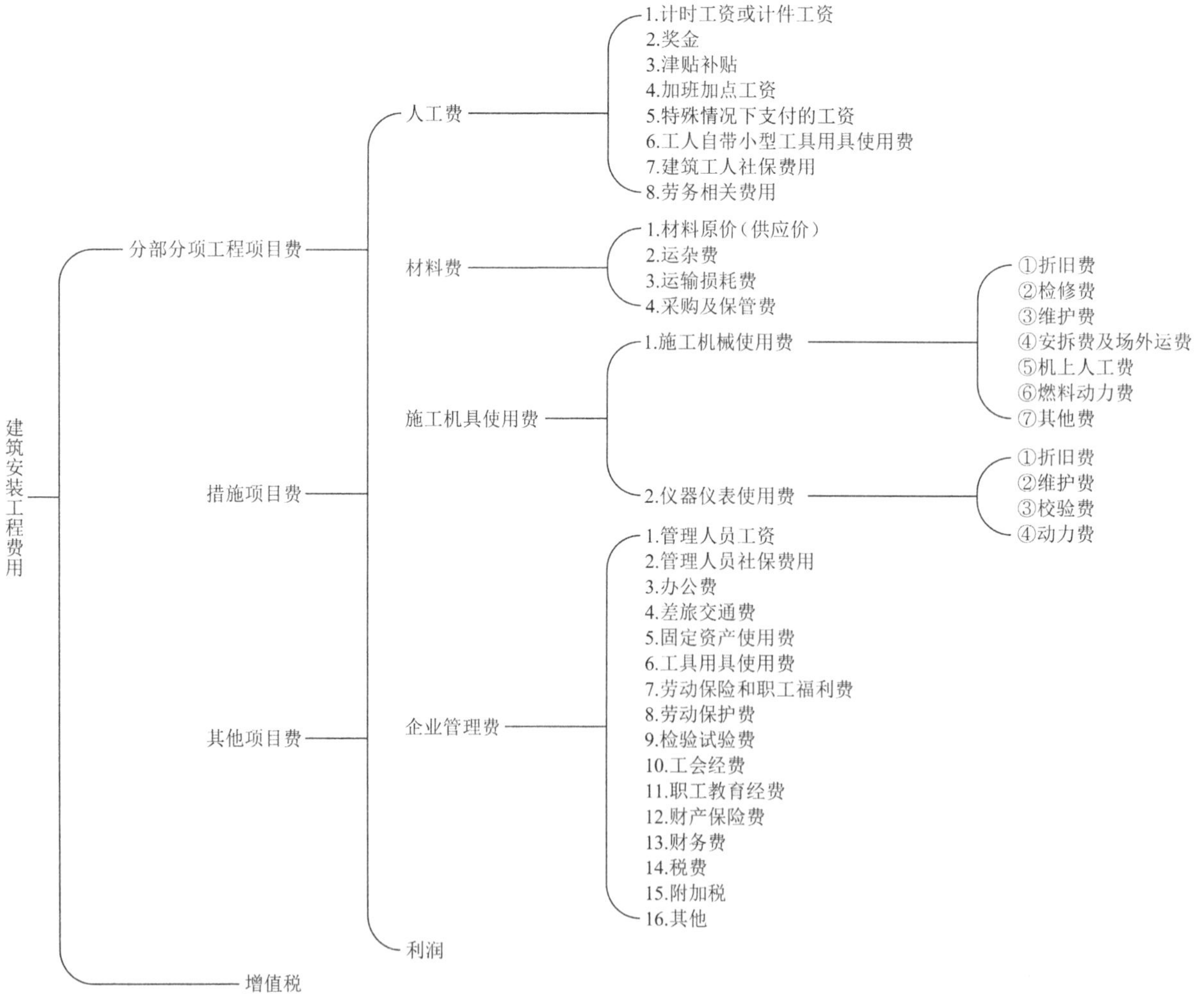

图 2-1 陕西省建筑安装工程费用项目组成

3 适 用 范 围

本规则适用于房屋建筑与装饰工程、通用安装工程、市政工程、园林绿化工程、城市地下综合管廊工程和绿色建筑工程等专业工程。

3.1 各专业工程适用范围

一、房屋建筑与装饰工程

适用于工业与民用建筑的建筑与装饰工程，即《陕西省房屋建筑与装饰工程消耗量定额（2025）》包含的全部内容。

二、单独装饰工程

适用于单独发包的工业与民用建筑的装饰工程，即《陕西省房屋建筑与装饰工程消耗量定额（2025）》中第八章门窗工程；第十一章楼地面装饰工程；第十二章墙、柱面装饰与隔断、幕墙工程；第十三章天棚工程；第十四章油漆、涂料、裱糊工程；第十五章其他工程；第十七章措施项目。

三、通用安装工程

适用于工业与民用建筑中的安装工程，即《陕西省通用安装工程消耗量定额（2025）》包含的全部内容。

四、市政工程

适用于城镇管辖范围内的市政工程，即《陕西省市政工程消耗量定额（2025）》包含的全部内容。

五、园林绿化工程

适用于城镇管辖范围内的园林绿化工程，即《陕西省园林绿化工程消耗量定额（2025）》包含的全部内容。

六、城市地下综合管廊工程（建筑和装饰）

适用于城市地下综合管廊的建筑、装饰工程，包括本体、标准段、吊装口、通风口、管线分支口中和端部井等工程。即《陕西省城市地下综合管廊工程消耗量定额（2025） 第一册 建筑和装饰工程》。

七、城市地下综合管廊工程（安装）

适用于城市地下综合管廊的安装工程，包括给水、燃气与集中供热、电气、消防、照明等工程的管道、线路和设备安装。即《陕西省城市地下综合管廊工程消耗量定额（2025） 第二册 安装工程》。

八、绿色建筑工程

适用于符合国家标准《绿色建筑评价标准》GB/T 50378—2019 二星级以上的工程项目，即《陕西省绿色建筑工程消耗量定额（2025）》包含的全部内容。

3.2 专业工程与费率的关系

本规则中的费率是按专业工程类别划分。因本专业工程的消耗量定额缺项而借用其他专业工程的消耗量定额或补充定额子目时，计费基础和费率统一执行本专业工程。

3.3 各专业工程界限划分

一、市政工程与房屋建筑工程

1. 小区、厂（校）区的道路工程以接入市政管辖范围的道路为界，市政道路红线范围以内的道路工程执行市政专业。

2. 小区、厂（校）区的管沟、检查井以接入市政红线范围内的第一个井（预留口）为界，接入井外至小区、厂（校）区之间的管沟执行房屋建筑工程专业。

二、通用安装工程与市政工程

1. 小区、厂（校）区室外排水管道以接入市政管道的检查井、接户井为界，接入井外至小区、厂（校）区之间的管道执行通用安装专业。

2. 污水厂、净水厂内的排水管线及检查井、收水井均属于市政专业。给排水专用设备系统安装执行市政工程专业，通用设备安装执行通用安装专业。

3. 小区、厂（校）区市政给水专业以入口水表井为界；供热和天然气专业以入口第一个计量表（阀门井）为界。界限至小区、厂（校）区范围以内执行通用安装专业。

三、房屋建筑工程与园林绿化工程

小区、厂（校）区的园林绿化以设计范围为界，范围内园林、景观、绿化、人行步道、亭执行园林绿化专业，其余执行房屋建筑工程专业。

4 费用计算规则

4.1 工程量清单计价原则

工程量清单计价包括编制最高投标限价、投标报价、工程结算。

单位工程造价由分部分项工程项目费、措施项目费、其他项目费和增值税组成。

实行工程量清单计价的建设工程应采用综合单价计价。综合单价是指完成一个规定清单项目所需的人工费、材料费、施工机具使用费、企业管理费、利润以及一定范围内的风险费用。

4.2 最高投标限价编制

一、分部分项工程项目费

1. 分部分项工程项目费的人工费、材料费、施工机具使用费应根据省级工程造价主管部门发布的消耗量定额、基价表、费用规则、动态管理文件等相关计价依据编制。

人工单价按省级工程造价主管部门发布的人工单价和动态管理文件计算；材料价格按省、市工程造价主管部门发布的材料信息价，发布的材料信息价上没有的材料价格参考市场价计算；施工机具台班单价按施工机具台班费用定额和省级工程造价主管部门发布的动态管理文件计算。

发包人提供材料按不含进项税价格计入分部分项工程项目费，其材料费在税前工程造价中扣除。

2. 企业管理费和利润按本规则规定的计费基础和费率计算。

3. 风险费用按照招标文件中明确的风险内容及范围确定。

二、措施项目费

（一）专业措施项目费

对于采用常规施工方案的措施项目，其费用计算办法同分部分项工程项目费。对于采用非常规施工方案的措施项目按拟定方案计算。

（二）通用措施项目费

通用措施项目费按本规则规定的计费基础和费率计算。

三、其他项目费

1. 暂列金额应按招标工程量清单列出的金额计算。

2. 材料暂估价应按招标文件列出的材料单价计入相应综合单价，专业工程暂估价应按招标工程量清单列出的金额计算。

3. 计日工应按招标工程量清单列出的计日工数量以综合单价计价。

4. 总承包服务费应按招标工程量清单列出的服务内容以本规则计算。

5. 优质工程增加费应按招标工程量清单列出的质量优质标准等级以本规则的相关规定计算。

四、增值税

增值税应按国家规定的增值税税率计算。

4.3 投标报价编制

一、分部分项工程项目费

1. 分部分项工程项目费的人工费、材料费、施工机具使用费由投标人自主确定，也可参考省级工程造价主管部门发布的消耗量定额、基价表、费用规则及动态调整文件等计算。

人工单价由投标人自主确定，也可参考省级工程造价主管部门发布的人工单价和动态调整文件计算；材料价格由投标人自主确定，也可参考省市工程造价管理机构发布的材料信息价计算；施工机具台班使用费由投标人自主确定，也可参考省级工程造价主管部门发布的施工机具使用费台班单价及动态调整文件计算。

发包人提供材料按不含进项税价格计入分部分项工程项目费，其材料费在税前工程造价中扣除。

2. 企业管理费（除不可竞争费用外）和利润由投标人自主确定，也可参考本规则计算。

3. 风险费用按照招标文件中明确的风险内容及范围，结合工程实际情况投标人自主确定。

4. 投标人报价费用构成内容和格式应与最高投标限价一致。

二、措施项目费

（一）专业措施项目费

专业措施项目费根据投标人拟定的施工组织设计自主确定，也可参考省级工程造价主管部门发布的消耗量定额及基价表计算。

（二）通用措施项目费

通用措施项目费应根据招标文件的要求及投标人拟定的施工组织设计自主确定，也可参考本规则计算。其中安全文明施工措施费为不可竞争费，应按照本规则规定的计费基础和费率计算。

（三）措施报价编制规定

投标人保价费用构成内容和格式应与最高投标限价一致。

三、其他项目费

1. 暂列金额应按招标工程量清单列出的金额计算。

2. 材料暂估价应按招标文件列出的材料单价计入相应综合单价，专业工程暂估价应按招标工程量清单列出的金额计算。

3. 计日工应按招标工程量清单列出的计日工数量，投标人自主确定相应的综合单价并计算费用。

4. 总承包服务费应按招标工程量清单列出的服务内容由投标人自主确定，也可参考本规则计算。

5. 优质工程增加费应按招标工程量清单列出的质量优质标准等级以本规则的相关规定计算。

四、增值税

增值税应按国家规定的增值税税率计算。

4.4 工程结算编制

一、分部分项工程项目费

分部分项工程项目费应依据完成的工程量、合同约定的综合单价和约定应计列的价差计算。如综合单价发生调整的，以发承包双方确认调整的综合单价计算。

1. 当引起综合单价变化的调整因素（包括工程量清单缺陷、法律法规及政策性变化、工程变更等）发生时，按照合同约定调整，合同没有约定或约定不明确的，按陕西省工程建设标准《建设工程工程量清单计价标准》DB 61/T 5126—2025 的有关规定执行。

2. 因人工、材料、施工机具使用台班单价市场波动影响综合单价时，按照合同约定调整。

合同没有约定或约定不明确的，按陕西省工程建设标准《建设工程工程量清单计价标准》DB 61/T 5126—2025 的有关规定调整，按如下调整：

（1）人工、施工机具使用台班单价按照省级工程造价主管部门发布的调整文件执行。

（2）材料价格需要调整的，其价格和数量应由发包人复核确认后调整。

（3）综合单价中人工费、材料费、施工机具使用费调整部分按价差处理，只计取增值税。

二、措施项目费

（一）专业措施项目费

以单价计价的专业措施项目费同分部分项工程项目费结算编制办法，以项为计量单位计算的专业措施项目费按合同约定计算。

（二）通用措施项目费

1. 依据发承包双方约定的措施项目清单和金额计算，其中冬雨季施工增加费、夜间施工增加费、二次搬运费和测量放线定位复测费措施项目总价包干，不再因工程量清单缺陷、法律法规及政策性变化、设计变更、现场签证调整。但项目规模、层数、高度等特殊变更情况除外。

2. 安全文明施工措施费为不可竞争费，应按照本规则规定的计费基础和费率计算。

三、其他项目费

1. 暂列金额及其对应的相关费用全部扣除。

2. 材料暂估价和专业工程暂估价依据合同约定调整计算。材料暂估价按发承包双方确认的价格调整，调整部分按价差处理，只计取增值税；专业工程暂估价按最终确认的专业分包工程金额计算。

3. 计日工依据发包人最终确认的数量乘以合同约定的综合单价计算费用。

4. 总承包服务费依据合同约定计算。发生调整的应以发承包双方确认金额计算。

5. 优质工程增加费以工程质量达到合同约定质量标准等级按合同约定计算，未达到合同约定质量等级的予以扣除。

6. 智慧工地增加费按发承包双方约定的办法计算。

7. 现场签证按照发承包双方签证资料计算费用，签证内容为费用的以签证金额计算，签证内容为工程量的以综合单价计算。

四、增值税

增值税按国家规定的增值税税率计算。

5 计费基础及计价程序

5.1 计费基础及计价程序规定

一、计费基础规定

1. 以人工费与施工机具使用费之和为计费基础，适用于房屋建筑与装饰工程、单独装饰工程、市政工程、城市地下综合管廊工程（建筑和装饰）。

2. 以人工费为计费基础，适用于通用安装工程、园林绿化工程、城市地下综合管廊工程（安装）、绿色建筑工程。

3. 计费基础中的人工费：编制最高投标限价时应按基期人工工日单价乘以陕西省各专业工程消耗量定额中的工日消耗量计算的金额，不包括建筑工人社保费用及动态调整部分；编制投标报价时投标人自主确定。

4. 计费基础中的施工机具使用费：编制最高投标限价时应按《陕西省建设工程施工机械台班费用定额（2025）》和《陕西省建设工程施工仪器仪表台班费用定额（2025）》的台班单价乘以陕西省各专业工程消耗量定额中台班消耗量计算的金额，不包括动态调整部分；编制投标报价时投标人自主确定。

二、计价程序规定

1. 一般计税：组成税前工程造价的分部分项工程项目费、措施项目费、其他项目费均不包含进项税税额。

2. 简易计税：组成税前工程造价的分部分项工程项目费、措施项目费、其他项目费均应包含进项税税额，本规则是通过将不含进项税的各项费用乘以专业工程综合系数进行计算。详见本规则第 5.3 节简易计税法计价。

3. 综合单价组成规定：

（1）人工费中A_1：编制最高投标限价时应按基期人工工日单价乘以陕西省各专业工程消耗量定额中的工日消耗量计算，编制投标报价时投标人自主确定。

（2）人工费中A_2：是指人工费动态调整的价差，不计取管理费和利润。编制最高投标限价时应按人工动态发布价与基期人工单价的差价，乘以陕西省各专业工程消耗量定额中的工日消耗量计算的金额；编制投标报价时投标人自主确定。

（3）人工费中A_3：是指建筑工人社保费用，编制最高投标限价时应按照人工费中A_1乘以规定费率单独计取，不计取管理费和利润。编制投标报价时由投标人自主确定的人工费中A_1乘以规定费率单独计取，不计取管理费和利润。

（4）材料费中B_1：编制最高投标限价时应按基期材料单价乘以陕西省各专业工程消耗量定额中的材料消耗量计算，编制投标报价时投标人自主确定。

（5）材料费中B_2：是指材料费动态调整的价差，编制最高投标限价是指材料信息价或招标当期市场价与基期材料单价的差价，乘以陕西省各专业工程消耗量定额中材料消耗量计算的金额；编制投标报价时投标人自主确定。

（6）施工机具使用费中C_1：编制最高投标限价时应按《陕西省建设工程施工机械台班费用定额（2025）》和《陕西省建设工程施工仪器仪表台班费用定额（2025）》的台班单价乘以陕西省各专业工程消耗量定额中台班消耗量计算，编制投标报价时投标人自主确定。

（7）施工机具使用费中C_2：是指施工机具使用费动态调整的价差，不计取管理费和利润。编制最高投标限价时施工机具使用费动态发布价与基期台班单价的差价，乘以陕西省各专业工程消耗量定额中施工机具使用费台班消耗量计算的金额。编制投标报价时投标人自主确定。

（8）企业管理费：编制最高投标限价时依据本规则计算，编制投标报价时除不可竞争费用以外其余投标人自主确定。

（9）利润：编制最高投标限价时依据本规则计算，编制投标报价时投标人自主确定。

（10）综合单价中包括一定范围内的风险费用，应在其构成的各项费用中考虑。

4. 工程结算阶段计价程序表中“价差”专指工程结算时，按合同约定和政策性规定应计算的价差。

5. 发包人提供材料按不含进项税价格计入分部分项工程项目费，其材料费在税前工程造价中扣除。

5.2 工程量清单计价程序

1. 招投标阶段计价程序包括招投标阶段计价程序见表 5-1、以人工费 + 施工机具使用费之和为计费基础综合单价计价程序见表 5-2、以人工费为计费基础综合单价计价程序见表 5-3。

表 5-1 招投标阶段计价程序表

序号	内容	计算式
1	分部分项工程项目费	∑(综合单价 × 分部分项工程量)
1.1	其中：建筑工人社保费用	∑(综合单价中建筑工人社保费用 × 分部分项工程量)
2	措施项目费	2.1* + 2.2*
2.1	专业措施项目费	∑(综合单价 × 专业措施项目工程量)
2.1.1	其中：建筑工人社保费用	∑(综合单价中建筑工人社保费用 × 专业措施工程量)
2.2	通用措施费	2.2.1* + 2.2.2* + 2.2.3* + 2.2.4* + 2.2.5*
2.2.1	安全文明施工措施费	∑计费基础 × 费率
2.2.2	冬雨季施工增加费	∑计费基础 × 费率
2.2.3	夜间施工增加费	∑计费基础 × 费率
2.2.4	二次搬运费	∑计费基础 × 费率
2.2.5	测量放线定位复测费	∑计费基础 × 费率
3	其他项目费	3.1* + 3.2* + 3.3* + 3.4* + 3.5* + 3.6*
3.1	暂列金额	工程量清单列出的金额
3.2	专业工程暂估价	工程量清单列出的金额
3.3	计日工	∑(综合单价 × 数量)
3.4	总承包服务费	3.4.1* + 3.4.2*
3.4.1	发包人提供材料保管费	∑(发包人提供材料费 × 费率)
3.4.2	发包人发包专业工程的总承包服务费	∑(发包人发包专业工程暂估金额 × 费率)
3.5	优质工程增加费	按招标文件及本规则规定计算的金额
3.6	智慧工地增加费	按招标文件规定
4	税前工程造价	1* + 2* + 3*
5	增值税	4* × 增值税税率
6	单位工程造价	4* + 5*

注：表中*是指该序号中的内容。

表 5-2　人工费 + 施工机具使用费之和为计费基础综合单价计价程序表

项目	计算式	合价	其中		
			人工费	材料费	施工机具使用费
人材机费用			A_1	B_1	C_1
人材机动态调整			A_2	B_2	C_2
建筑工人社保费用	A_1 × 建筑工人社保费用费率		A_3		
直接费小计	$A+B+C$	D	A	B	C
企业管理费	(A_1+C_1) × 管理费费率	E			
利润	(A_1+C_1) × 利润费率	F			
综合单价	$D+E+F$	H			

表 5-3　人工费为计费基础综合单价计价程序表

项目	计算式	合价	其中		
			人工费	材料费	施工机具使用费
人材机费用			A_1	B_1	C_1
人材机动态调整			A_2	B_2	C_2
建筑工人社保费用	A_1 × 建筑工人社保费用费率		A_3		
直接费小计	$A+B+C$	D	A	B	C
企业管理费	A_1 × 管理费费率	E			
利润	A_1 × 利润费率	F			
综合单价	$D+E+F$	H			

2. 工程结算阶段计价程序见表 5-4。

表 5-4　工程结算阶段计价程序表

序号	内容	计算式
1	分部分项工程项目费小计	$1.1^* + 1.2^*$
1.1	分部分项工程项目费	∑(综合单价 × 分部分项工程量)
1.2	价差	∑分部分项工程(人工费价差 + 材料费价差 + 机械费价差)
2	措施项目费	$2.1^* + 2.2^*$
2.1	专业措施项目费小计	$2.1.1^* + 2.1.2^*$
2.1.1	专业措施项目费	∑(综合单价 × 专业措施项目工程量)
2.1.2	价差	∑专业措施项目(人工费价差 + 材料费价差 + 机械费价差)
2.2	通用措施项目费	$2.2.1^* + 2.2.2^* + 2.2.3^* + 2.2.4^* + 2.2.5^*$
2.2.1	安全文明施工措施费	∑计费基础 × 费率
2.2.2	冬雨季施工增加费	合同约定金额
2.2.3	夜间施工增加费	合同约定金额
2.2.4	二次搬运费	合同约定金额
2.2.5	测量放线定位复测费	合同约定金额

续表 5-4

序号	内容	计算式
3	其他项目费	3.1* + 3.2* + 3.3* + 3.4* + 3.5* + 3.6*
3.1	计日工	∑(综合单价 × 数量)
3.2	总承包服务费	3.2.1* + 3.2.2*
3.2.1	发包人提供材料保管费	∑(发包人提供材料确认金额 × 合同约定费率)
3.2.2	发包人发包专业工程的总承包服务费	∑(发包人发包专业工程结算金额 × 合同约定费率)
3.3	优质工程增加费	按合同约定计算的金额
3.4	智慧工地增加费	按合同约定计算的金额
3.5	现场签证与索赔费	3.5.1* + 3.5.2*
3.5.1	签证费用	按各签证事项费用之和计算
3.5.2	索赔费用	按各索赔事项费用之和计算
3.6	其他	合同约定的其他费用
4	税前工程造价	1* + 2* + 3*
5	增值税	4* × 增值税税率
6	单位工程造价	4* + 5*

注：表中*是指该序号中的内容。

5.3 简易计税法计价

本规则中简易计税计价采用综合系数调整法，将一般计税计价中不含进项税费用转换为简易计税计价中含进项税费用。简易计税计价中的人工费、材料费、施工机具使用费、管理费、利润、措施费等按一般计税法计算，按专业工程综合系数进行调整，增值税改为征收率，税率按3%计取。专业工程综合系数见表5-5，计算公式如下：

简易计税法税前工程造价 = 一般计税法税前工程造价 × 专业工程综合系数 (1)

表 5-5 专业工程综合系数表

专业工程	适用	综合系数	计费基础
房屋建筑与装饰工程	房屋建筑与装饰工程	1.0575	一般计税法税前工程造价
	单独装饰工程	1.0575	
通用安装工程		1.0782	
市政工程		1.0609	
园林绿化工程		1.0782	
城市地下综合管廊工程	建筑和装饰	1.0609	
	安装	1.0782	
绿色建筑工程		1.0782	

注：对于发包人提供材料的工程项目，一般计税法税前工程造价应包含发包人提供材料费。

6 人材机费用

6.1 人工费

一、人工费构成

人工费由计时工资或计件工资、奖金、津贴补贴、加班加点工资、特殊情况下支付的工资、工人自带小型工具用具使用费、建筑工人社保费用和劳务相关费用等构成（详见附录陕西省建筑安装工程费用项目组成）。工程计价过程中，应保持人工费构成、内涵的完整性和一致性。

二、人工基期价格

人工单价按综合工种分为综合一类工、综合二类工、综合三类工，具体工种分类详见各专业工程消耗量定额。基期人工工日单价中含个人缴纳的社会保障保险费用，未包含用人单位缴纳的建筑工人社保费用。用人单位缴纳的建筑工人社保费用按照计费基础人工费的16.19%单独计取。专业工程综合工种基期人工工日单价见表6-1。

表6-1　专业工程综合工种基期人工工日单价

<table>
<tr><th rowspan="2">序号</th><th rowspan="2">专业工程</th><th colspan="3">单价（元/工日）</th></tr>
<tr><th>综合一类</th><th>综合二类</th><th>综合三类</th></tr>
<tr><td>1</td><td>房屋建筑与装饰工程</td><td rowspan="4">155</td><td>190</td><td rowspan="4">215</td></tr>
<tr><td>2</td><td>通用安装工程</td><td>186</td></tr>
<tr><td>3</td><td>市政工程
城市地下综合管廊工程</td><td>185</td></tr>
<tr><td>4</td><td>园林绿化工程
绿色建筑工程</td><td>160</td></tr>
</table>

三、人工费动态管理

1. 人工费随市场变化进行调整。各设区市工程造价主管部门测算本辖区内调整系数或人工单价，由省级工程造价主管部门统一发布人工单价或动态调整系数。

2. 编制施工图预算、最高投标限价时，应采用省级工程造价主管部门发布的人工单价或动态调整系数。

6.2 材料费

一、材料费构成

材料费由材料原价（供应价）、运杂费、运输损耗费、采购及保管费构成（详见本规则附录　陕西省建筑安装工程费用项目组成）。

二、材料费基期价格

材料费基期价格依据2024年11月份市场材料价格综合取定。

具体单价见各专业工程基价表的附录“材料价格明细表”，基价表中材料价格是按不含进项税价格取定。

三、材料费动态管理

材料价格实行市场化调节，随市场波动调整，发承包双方依据市场波动情况确定。编制施工图预算、最高投标限价时应采用省、市工程造价主管部门发布的材料信息价。

6.3 施工机具使用费

一、施工机具使用费构成

施工机具使用费由施工机械使用费和仪器仪表使用费两部分构成（详见本规则附录 陕西省建筑安装工程费用项目组成）。

1. 施工机具使用费由折旧费、检修费、维护费、安拆费及场外运费、机上人工费、燃料动力费和其他费组成。

2. 仪器仪表使用费由折旧费、维护费、校验费和动力费组成。

二、施工机具使用费基期台班单价

施工机具使用费台班基期价格按《陕西省建设工程施工机械台班费用定额（2025）》和《陕西省建设工程施工仪器仪表台班费用定额（2025）》中台班单价取定，施工机具使用费台班单价为不含进项税价。

三、施工机具使用费动态管理

施工机具使用费实行市场化调节，随市场波动调整，发承包双方依据市场波动情况确定。编制施工图预算、最高投标限价时，机上人工单价依据省级工程造价主管部门动态管理办法执行，燃料动力费依据政府相关部门发布的价格调整。

6.4 建筑工人社保费用

建筑工人社保费用依据《中华人民共和国社会保险法》《住房公积金管理条例》等规定，用人单位缴纳部分按照计费基础人工费的16.19%单独计取。建筑工人社保费用是人工费的组成部分，其性质为不可竞争费用，用人单位应足额计取并缴纳。

7 计价费率

本规则的计价费率包括企业管理费、利润、通用措施费、其他项目费和增值税费率。

7.1 各项费用计价费率

一、企业管理费费率

企业管理费费率见表 7-1。

表 7-1 企业管理费费率表

专业工程	适用	计费基础	费率（%）
房屋建筑与装饰工程	房屋建筑与装饰工程	人工费 + 施工机具使用费	21.69
	单独装饰工程	人工费 + 施工机具使用费	16.54
通用安装工程		人工费	22.34
市政工程		人工费 + 施工机具使用费	21.85
园林绿化工程		人工费	20.54
城市地下综合管廊工程	建筑和装饰	人工费 + 施工机具使用费	15.73
	安装	人工费	17.01
绿色建筑工程		人工费	18.55

注：企业缴纳的管理人员社保费用已包含在企业管理费中，依据《中华人民共和国社会保险法》《住房公积金管理条例》等规定，企业缴纳的管理人员社保费用为企业管理费的 12.80%，其性质为不可竞争费用。

二、利润费率

利润费率见表 7-2。

表 7-2 利润费率表

专业工程	适用	计费基础	费率（%）
房屋建筑与装饰工程	房屋建筑与装饰工程	人工费 + 施工机具使用费	13.20
	单独装饰工程	人工费 + 施工机具使用费	10.59
通用安装工程		人工费	14.71
市政工程		人工费 + 施工机具使用费	14.65
园林绿化工程		人工费	12.54
城市地下综合管廊工程	建筑和装饰	人工费 + 施工机具使用费	11.23
	安装	人工费	13.05
绿色建筑工程		人工费	17.56

三、通用措施费费率

1. 安全文明施工措施费费率见表 7-3。

表 7-3　安全文明施工措施费费率表

专业工程	适用	计费基础	费率（%）
房屋建筑与装饰工程	房屋建筑与装饰工程	人工费＋施工机具使用费	17.65
	单独装饰工程	人工费＋施工机具使用费	14.63
通用安装工程		人工费	15.02
市政工程		人工费＋施工机具使用费	15.39
园林绿化工程		人工费	14.53
城市地下综合管廊工程	建筑和装饰	人工费＋施工机具使用费	12.99
	安装	人工费	12.44
绿色建筑工程		人工费	16.41

2. 其他通用措施费费率见表 7-4。

表 7-4　其他通用措施费费率表

专业工程	适用	计费基础	费率（%）			
			冬雨季施工增加费	夜间施工增加费	二次搬运费	测量放线定位复测费
房屋建筑与装饰工程	房屋建筑与装饰工程	人工费＋施工机具使用费	1.80	0.72	0.95	0.63
	单独装饰工程	人工费＋施工机具使用费	1.26	0.5	0.66	0.44
通用安装工程		人工费	1.98	0.79	1.04	0.69
市政工程		人工费＋施工机具使用费	1.89	0.76	0.99	0.66
园林绿化工程		人工费	1.67	0.67	0.87	0.59
城市地下综合管廊工程	建筑和装饰	人工费＋施工机具使用费	1.89	0.76	0.99	0.66
	安装	人工费	1.93	0.77	1.02	0.68
绿色建筑工程		人工费	2.11	0.84	1.11	0.74

注：延安、榆林两个地区的冬雨季施工增加费，应在此费率上增加 20%。

四、其他项目费费率

1. 总承包服务费费率见表 7-5。

表 7-5　总承包服务费费率表

费用项目名称	服务内容	计费基础	费率（%）
发包人提供材料保管费	对发包人提供材料保管	发包人提供材料总价	1.0
发包人发包专业工程的总承包服务费	对专业工程协调与管理	专业工程估算造价	1.5
	对专业工程协调、管理并提供配合服务	专业工程估算造价	2.0～5.0

注：发包人发包专业工程的总承包服务费服务内容详见本规则第 8.2 节总承包服务费。

2. 优质工程增加费费率见表 7-6。

表 7-6　优质工程增加费费率表

优质标准等级	计费基础	费率（%）
国家级优良标准	不含优质工程增加费的税前工程造价	1.5
省级优良标准		1.0

五、增值税

增值税税率见表 7-7。

表 7-7　增值税税率表

费用项目名称	计费基础	税率（%）	
		一般计税	简易计税
增值税	税前工程造价	9	3

7.2　计价费率的使用

1. 社保费用、安全文明施工措施费为不可竞争费，编制最高投标限价、投标报价、约定合同价款以及施工过程结算、竣工结算应按本规则规定计取且不得缺项，也不得对费率实行浮动。

2. 编制施工图预算、最高投标限价应以本规则中规定的费率为依据，以体现最高投标限价为社会平均水平的编制原则。

3. 编制投标报价时除不可竞争费用外，其余由投标人自主确定，也可参考本规则中相关规定计算，但费用构成内容应与最高投标限价相同。

4. 施工过程结算、竣工结算依据合同约定执行。

8 有关事项说明

8.1 暂列金额

编制工程量清单时暂列金额由招标人根据工程实际是否列项，列项可按分部分项工程项目费的10%～15%参考计算，且不得超过批准的工程设计概算中的基本预备费。

8.2 总承包服务费

当发包人对专业工程进行分包、发包人提供材料设备（不含生产类设备）时，按下列三种情况分别计算：

1. 发包人提供材料的，按发包人提供材料设备（不含生产类设备）价值的 1.0%计算。

2. 招标人仅要求对分包专业工程进行总承包管理和协调、竣工资料整理时，按分包专业工程造价的 1.5%计算。

3. 招标人要求对分包专业工程进行总承包管理和协调、竣工资料整理并同时要求提供配合服务时，按分包的专业工程造价的 2%～5%计算。配合服务内容包括脚手架使用、垂直运输设备使用、临时设施使用、安全文明设施使用等。

8.3 停窝工费

停窝工费的索赔应按合同规定或发承包双方约定计算，无约定或约定不明确的可参照下列方式计算。

一、人工停窝工费

$$人工停窝工费 = 人工单价 \times 停窝工总工日数 \tag{2}$$

人工单价以合同约定的人工单价为准，合同无约定按停窝工时省级工程造价主管部门发布的现行人工单价计算。停窝工总工日数是指现场所有人员的工日数总和。

二、大、特型施工机械停窝工费

$$大、特型施工机械停窝工费 = (机械台班定额单价 \times 40\%) \times 停窝工天数 \tag{3}$$

机械台班定额单价是指《陕西省建设工程施工机械台班费用定额（2025）》台班单价。

三、周转性材料停窝工费

$$周转性材料停窝工费 = 周转性材料租赁单价/天 \times 停窝工天数 \tag{4}$$

周转性材料是指模板及支架、脚手架钢管、扣件等。租赁单价由发承包双发方根据实际发生情况进行确认。

按上述规定计算的停窝工费，只计取增值税。其中机械停窝工天数和工人停窝工总工日数，均应扣除法定节假日。

8.4 签证用工

施工过程中属于发包人自行完成的工作内容而交由承包人代行完成的签证用工，合同已约定单价的按合同约定执行，合同未约定可按下列顺序确定：

1. 有计日工单价的，按计日工单价计算。

2. 以双方代表根据当时情况签证的人工单价计算。

3. 无法按上述方式确定签证工单价的，可按签证发生时省级工程造价主管部门发布的现行人工单价计算。

8.5 赶工增加费

在保证工程质量和安全的前提下，发生发包人要求施工工期比合同约定工期提前或压缩的情况，承包人为满足工期的要求而采取相应措施所发生的增加费用，应由发包人承担。合同有约定的按约定计算，合同无约定的发承包双方协商解决，协商不成可按下式计算：

$$\text{赶工增加费}=\sum(\text{人工费}+\text{施工机械使用费})\times 50\%\times(\text{合同工期}-\text{完成工期})/\text{合同工期} \quad (5)$$

式中：人工费、施工机械使用费——承包人完成合同范围内赶工内容的费用合计。

8.6 水电费

承包人进入施工现场后，应单独设置水电表，水电费（包括生活用水电）结算原则按合同约定执行。分包人如使用总承包人提供的水源、电源时，水电费按表计量计费或协商解决。无法按表计量时，可按工程造价的 0.6%计算（其中电费 0.45%，水费 0.15%）。

8.7 施工图预（结）算、招标标底编制

施工图预算由人工费、材料费、施工机具使用费、企业管理费、利润、通用措施费、其他项目费和增值税组成。

施工图预算、招标标底编制同本规则第 4.2 节最高投标限价编制，工程结算编制原则和价格调整同本规则第 4.4 节工程结算编制。

施工图预算、招标标底编制工程量计算规则按省级工程造价主管部门发布的消耗量定额的规定。

8.8 其他说明

1. 依据住房和城乡建设部、财政部《关于印发〈建筑安装工程费用项目组成〉的通知》（建标〔2013〕44 号）规定，本规则将检验试验费计入企业管理费。

2. 依据陕西省工程建设标准《建设工程工程量清单计价标准》DB 61/T 5126—2025，将规费中的社会保障保险、住房公积金分解为用人单位应缴纳的建筑工人社保费用和企业缴纳的管理人员社保费用两部分，本规则将建筑工人社保费用单位应缴纳部分计入人工费，管理人员社保费用单位应缴纳部分计入企业管理费。

3. 依据财政部、应急管理部《企业安全生产费用提取和使用管理办法》（财资〔2022〕136 号），本规则将建筑施工安全生产责任保险计入安全文明施工措施费。

4. 依据住房和城乡建设部标准定额研究所《关于印发研究落实"营改增"具体措施研讨会会议纪要的通知》（建标造〔2016〕49 号）规定，本规则将城市维护建设税、教育费附加及地方教育附加计入企业管理费。

5. 本规则是依据财政部、原建设部《建设工程价款结算暂行办法》（财建〔2004〕369 号），按支付工程预付款考虑的。未支付预付款所产生的资金成本由应支付工程预付款的一方承担，其计算标准可参考同期银行贷款利率计算。

6. 安全文明施工措施费依据住房和城乡建设部《建筑工程安全防护、文明施工措施费用及使用管理规定》（建办〔2005〕89 号），结合工程项目建设实际，本规则将安全生产费、文明施工费、环境保护费和临时设施费归口为安全文明施工措施费，综合取定费率。

依据《陕西省建设工程质量和安全生产管理条例》（2020 年修订版），建设单位应将建设工程安全文明施工措施费计入工程造价，并在开工前一次性足额支付给施工单位。

7. 优质工程增加费执行《中共陕西省委办公厅　陕西省人民政府办公厅印发〈关于推动建筑业高质量发展的实施意见〉的通知》（陕办发〔2022〕19号）的相关规定。

8. 智慧工地增加费依据发包人要求实施的内容列入其他项目费中，按发承包双方协商约定的计算办法计价。

附　　录

陕西省建筑安装工程费用项目组成

建筑安装工程费用由分部分项工程项目费、措施项目费、其他项目费、增值税组成。

一、分部分项工程项目费

分部分项工程项目费是指各专业工程的分部分项工程应予列支的各项费用，由人工费、材料费、施工机具使用费、企业管理费和利润组成。

（一）人工费

人工费是指支付给从事建设工程施工的生产工人和附属生产单位工人的各项费用。内容包括：

1. 计时工资或计件工资：是指按计时工资标准和工作时间或对已做工作按计件单价支付给个人的劳动报酬。

2. 奖金：是指对超额劳动和增收节支支付给个人的劳动报酬。

3. 津贴补贴：是指为了补偿职工特殊或额外的劳动消耗和其他特殊原因支付给个人的津贴，以及为了保证职工工资水平不受物价影响支付给个人的物价补贴。

4. 加班加点工资：是指按规定支付的在法定节假日工作的加班工资和在法定日工作时间外延时工作的加点工资。

5. 特殊情况下支付的工资：是指根据国家法律、法规和政策规定，因病、工伤、产假、计划生育假、婚丧假、事假、探亲假、定期休假、停工学习、执行国家或社会义务等原因按计时工资标准或计时工资标准的一定比例支付的工资。

以上 1～5 项费用中已包含个人缴纳的社保费用。

6. 工人自带小型工具用具使用费。

7. 建筑工人社保费用：是指用人单位按规定标准为建筑工人缴纳的基本养老保险费、失业保险费、医疗保险费（含生育保险）、大病医疗保险费、工伤保险费、住房公积金。

8. 劳务相关费用：劳务机构工程建设过程中必要的相关费用。

（二）材料费

材料费是指施工过程中耗费的原材料、辅助材料、构配件、零件、半成品或成品、工程设备的费用。内容包括：

1. 材料原价（供应价）：是指材料、工程设备的出厂价格或商家供应价格。

2. 运杂费：是指材料、工程设备自来源地运至工地仓库或指定堆放地点所发生的全部费用。

3. 运输损耗费：是指材料在运输装卸过程中不可避免的损耗。

4. 采购及保管费：是指为组织采购、供应和保管材料、工程设备的过程中所需要的各项费用。包括采购费、仓储费、工地保管费、仓储损耗。

（三）施工机具使用费

施工机具使用费是指施工作业所发生的施工机械、仪器仪表使用费或其租赁费。由以下组成：

1. 施工机械使用费：以施工机械台班耗用量乘以施工机械台班单价表示，施工机械台班单价应由下列七项费用组成：

（1）折旧费：是指施工机械在规定的耐用总台班内，陆续收回其原值的费用。

（2）检修费：是指施工机械在规定的耐用总台班内，按规定的检修间隔进行必要的检修，以恢复其正常功能所需的费用。

（3）维护费：是指施工机械在规定的耐用总台班内，按规定的维护间隔进行各级维护和临时故障排除所需的费用。保障机械正常运转所需替换设备与随机配备工具附具的摊销费用、机械运转及日常维护所需润滑与擦拭的材料费用及机械停滞期间的维护费用等。

（4）安拆费及场外运费：安拆费是指施工机械在现场进行安装与拆卸所需的人工、材料、机械和试运转费用以及机械辅助设施的折旧、搭设、拆除等费用；场外运费是指施工机械整体或分体自停放地点运至施工现场或由一施工地点运至另一施工地点的运输、装卸、辅助材料等费用。

（5）机上人工费：是指机上司机和其他操作人员的人工费。

（6）燃料动力费：是指施工机械在运转作业中所耗用的燃料及水、电等费用。

（7）其他费：是指施工机械按照国家规定应缴纳的车船税、保险费及检测费等。

2. 仪器仪表使用费：以施工仪器仪表台班耗用量乘以施工仪器仪表台班单价表示，由折旧费、维护费、校验费、动力费四项费用组成。

（1）折旧费：是指施工仪器仪表在耐用总台班内，陆续收回其原值的费用。

（2）维护费：是指施工仪器仪表各级维护、临时故障排除所需的费用及为保证仪器仪表正常使用所需备件（备品）的维护费用。

（3）校验费：是指按国家与地方政府规定的标定与检验的费用。

（4）动力费：是指施工仪器仪表在使用过程中所耗用的电费。施工仪器仪表台班单价中的费用组成未包括检测软件的相关费用。

（四）企业管理费

企业管理费是指建筑安装企业组织施工生产和经营管理所需的费用。内容包括：

1. 管理人员工资：是指按规定支付给管理人员的计时工资、奖金、津贴补贴、加班加点工资及特殊情况下支付的工资等，包含个人缴纳的社保费用。

2. 管理人员社保费用：是指单位按规定标准为管理人员缴纳的基本养老保险费、失业保险费、医疗保险费（含生育保险）、大病医疗保险费、工伤保险费、住房公积金。

3. 办公费：是指承包人管理办公用的文具、纸张、帐表、印刷、邮电、书报、办公软件、现场监控、会议、水电、烧水和集体（包括现场临时）取暖、降温等费用。

4. 差旅交通费：是指职工因公出差、调动工作的差旅费、住勤补助费，市内交通费和误餐补助费，职工探亲路费，劳动力招募费，职工退休、退职一次性路费，工伤人员就医路费，工地转移费以及管理部门使用的交通工具的油料、燃料等费用。

5. 固定资产使用费：是指管理和试验部门及附属生产单位使用的属于固定资产的房屋、设备、仪器等的折旧、大修、维修或租赁费。

6. 工具用具使用费：是指承包人施工生产和管理使用的不属于固定资产的工书具、器具、家具、交通工具和检验、试验、测绘、消防用具等的购置、维修和摊销费，不包括工人自带小型工具用具使用费。

7. 劳动保险和职工福利费：是指由承包人支付的职工退职金、按规定支付给离休干部的经费，集体福利费、夏季防暑降温、冬季取暖补贴、上下班交通补贴等。

8. 劳动保护费：是指承包人按规定发放的劳动保护用品的支出。如工作服、手套、防暑降温饮料以及在有碍身体健康的环境中施工的保健费用等。

9. 检验试验费：是指承包人按照有关标准规定，对建筑以及材料、构件和建筑安装物进行检查所发生的费用，包括进行试验所耗用的材料和现场取样等费用。

新结构、新材料的试验费，对构件做破坏性试验及其他特殊要求检验试验的费用和按有关规定由发包人委托检测机构进行检测的费用，对此类检测发生的费用，由发包人在工程建设其他费用中列支。

对承包人提供的具有合格证明的材料进行检测，不合格的，检测费用由承包人承担；合格的，检测费用由发包人承担。

检验试验费不包括发包人按有关标准规定，委托第三方检测机构进行的建筑材料检测和建筑物质量验收检测的费用，第三方检测机构的检测费用由发包人在工程建设其他费用中列支并按委托合同支付。

10. 工会经费：是指承包人按《工会法》规定的全部职工工资总额比例计提的工会经费。

11. 职工教育经费：是指按职工工资总额的规定比例计提，承包人为职工进行专业技术和职业技能培训，专业技术人员继续教育、职工职业技能鉴定、职业资格认定以及根据需要对职工进行各类文化教育所发生的费用。

12. 财产保险费：是指按规定由承包人投保的，包括施工管理用财产、车辆、施工设备等财产保险、意外伤害保险等保险费用，不包括由发包人投保的建筑工程一切险或安装工程一切险、第三方责任险等保险费用。

13. 财务费：是指承包人为施工生产筹集资金或提供预付款担保、履约担保、职工工资支付担保等所发生的各种费用。

14. 税费：是指承包人按规定缴纳的房产税、土地使用税、印花税、水利建设基金及残疾人就业保障金等。

15. 附加税：是指城市维护建设税、教育费附加及地方教育附加。

16. 其他：是指技术转让费、技术开发费、投标费、方案论证费、工程验收费、业务招待费、绿化费、广告费、公证费、法律顾问费、审计费、咨询费等。

（五）利润

利润是指承包人完成所承包工程获得的盈利。

二、措施项目费

措施项目费是指为完成建设工程施工，发生于该工程施工前和施工过程中的技术、生活、安全、环境保护等方面的费用。分为通用措施项目费和专业措施项目费。其费用包括人工费、材料费、施工机具使用费、企业管理费、利润。

（一）通用措施项目费

1. 安全文明施工措施费：是指施工现场为达到政府管理部门的有关规定，实施发包人批准的安全文明施工方案所需要的各项费用。包括安全生产费（含建筑施工安全生产责任险）、环境保护费（含扬尘治理费）、文明施工费（含建筑工人实名制管理费）、临时设施费。

（1）安全生产费（含建筑施工安全生产责任险）：是指按国家现行的建筑施工安全标准和有关规定，购置和更新施工安全防护用具及设施，改善安全生产条件所需的各项费用。包括：安全资料、特殊作业专项方案的编制，安全施工标志的购置及安全宣传的费用；“三宝”（安全帽、安全带、安全网）、“四口”（梯口、电梯井口、通道口、预留洞口）、“五临边”（阳台围边、楼板围边、屋面围边、槽坑围边、卸料平台两侧）、水平防护架、垂直防护架、外架封闭等防护的费用；施工安全用电的费用，包括配电箱三级配电、两级保护装置要求、外电防护措施；起重机、塔吊等起重设备（含井架、门架）及外用电梯的安全防护措施（含警示标志）费用及卸料平台的临边防护、层间安全门、防护棚等设施费用；建筑工地起重机械的检验检测费用；施工机具防护棚及其围栏的安全保护设施费用；施工安全防护通道的费用；工人的安全防护用品、用具购置费用；消防设施与消防器材的配置费用；电气保护、安全照明设施费；其他安全监控及防护措施费用。建筑施工安全生产责任险是指保险机构对投标工程发生的生产安全事故造成的人员伤亡和有关经济损失等予以赔偿，并且为投保工程提供生产安全事故预防服务的商业保险。

（2）环境保护费（含扬尘治理费）：是指施工现场为达到国家环保部门要求的环境和卫生标准，改善生产条件和作业环境所需要的各项费用。现场施工机械设备采取减少噪声污染、防止扰民的措施费用；现场水泥和其他易飞扬细颗粒建筑材料密闭存放及覆盖的措施费用；现场施工采取防治扬尘洒水等措施费用；现场采取建筑垃圾减量化和建筑垃圾、土石方外运车辆冲洗、防洒漏等费用；现场污染源的控制、生活垃圾清理外运、场地排水排污措施的费用；其他环境保护措施费用。

（3）文明施工费（含建筑工人实名制管理费）：是指施工现场文明施工所需要的各项费用。“五牌一图”的费用；现场围挡的墙面美化（包括内外粉刷、刷白、标语等）、压顶装饰费用；现场厕所便槽刷白、贴面砖，水泥砂浆地面或地砖费用，建筑物内临时便溺设施费用：其他施工现场临时设施的装饰装修、美化措施费用；现场生活卫生设施费用；符合卫生要求的饮水设备、淋浴消毒等设施费用；生活用洁净燃料费用：防煤气中毒、防蚊虫叮咬等措施费用；施工现场操作场地的硬化费用：现场绿化费用、治安综合治理费用；现场配备医药保健器材、物品费用和急救人员培训费用；用于现场工人的防暑降温费、电风扇、空调等设备及用电费用；起重设备司机人脸识别系统等所发生的费用；实施建筑工人实名制管理所需费用；其他文明施工措施费用。

（4）临时设施费：是指施工企业为进行建设工程施工所必须搭设生活和生产用的临时建筑物、构筑物和其他临时设施的搭设、维修、拆除、清理费或摊销费等。施工现场采用彩色、定型钢板，砖、混凝土砌块等围挡的安砌、维修、拆除费或摊销费；施工现场临时建筑物、构筑物的搭设、维修拆除或摊销的费用；如临时宿舍、办公室，食堂、厨房、厕所、诊疗所、临时文化福利用房、临时仓库、加工场、搅拌台、临时简易水塔、水池等；施工现场临时设施的搭设、维修、拆除或摊销的费用，如临时供水管道、临时供电管线、小型临时设施等；施工现场规定范围内（无规定按建筑物外侧轴线 50m 以内）临时简易道路铺设、维护、拆除，临时排水沟、排水设施安砌、维修、拆除；其他临时设施费搭设、维修、拆除或摊销的费用。

2. 冬雨季施工增加费：是指在冬季或雨季施工现场需增加的临时设施、防寒、防滑、排除雨雪，人工及施工机械效率降低等费用。不包括采取暖棚法施工等特殊措施增加的费用，发生时按经发包人批准的冬季施工方案编制费用。

预拌混凝土及砂浆冬季生产时添加的外加剂及厂家冬季生产增加费等在材料价格考虑。

3. 夜间施工增加费：是指因夜间施工所发生的夜班补助费、夜间施工降效、夜间施工照明设备摊销及照明用电等费用。包括为保证工程施工正常进行，在地下建筑、封闭暗室、假山石洞等无自然采光部位施工时，所采用的照明设施安拆、维护、使用，以及人工机具施工降效等费用。

4. 二次搬运费：是指因施工场地条件限制而发生的材料、构配件、半成品等一次运输不能到达堆放地点，必须进行二次或多次搬运所发生的费用。但不包括成品钢筋混凝土构件、成品钢构件在施工现场发生的二次搬运。

5. 测量放线定位复测费：是指工程施工过程中进行全部施工测量放线和复测工作等费用。

（二）专业措施项目费

专业措施项目费是指各专业工程的专业工程项目清单应予列支的各项费用。专业工程措施清单项目的设置、计量单位、工作内容及包含范围应按陕西省各专业工程量计算标准（2025），结合拟建项目实际情况分专业列项计算。

三、其他项目费

其他项目费由暂列金额、专业工程暂估价、计日工费用、总承包服务费、优质工程增加费等组成。

（一）暂列金额

暂列金额是指发包人在工程量清单中暂定并包括在工程合同价款中的一笔款项。用于施工合同签订时尚未确定或者不可预见的所需材料、工程设备、服务的采购，施工中可能发生的工程变更、合同约定调整因素出现时的工程价款调整以及发生的索赔、现场签证确认等的费用。

（二）专业工程暂估价

专业工程暂估价是指发包人在工程量清单中提供的，在招标时（非招标工程签约时）暂不能确定工程具体要求及价格的不含增值税的专业工程金额。

（三）计日工

计日工是指在施工过程中，承包人完成发包人提出的工程合同范围以外的零星项目或工作，按合同中约定的综合单价计价。

（四）总承包服务费

总承包服务费是指总承包人对发包人供应的材料设备等进行保管及对分包专业工程进行总承包管理和协调、竣工资料整理并对分包专业工程提供配合服务所需的费用。

（五）优质工程增加费

1. 优质工程是指建筑施工企业按照合同约定，弘扬“追求卓越，铸就经典”的创优精神，通过提升工程质量管理的系统性、科学性和经济性，达到国家、省标准要求的设计优、质量精、管理佳、效益好、技术先进、节能环保的工程项目。

2. 优质工程增加费是指建筑施工企业依据招标文件要求及合同约定，在生产合格建筑产品的基础上，为生产优质工程而增加的费用。

四、增值税

增值税是指按国家税法规定的应计入建筑安装工程造价的增值税。